欧洲冬青　　　　　　　　　紫杉

菠萝蜜树　　　　　吉贝　　　　　　紫薇

欧洲落叶松　　　　　　　　槟桃树

U0222132

**图书在版编目（CIP）数据**

手绘树百科 / (法) 娜塔莉·陶德曼著；(法) 朱利
安·诺伍德,(法) 伊莎贝尔·希姆蕾绘；章荣译. --
北京：海豚出版社, 2022.10
　　ISBN 978-7-5110-6083-9

　Ⅰ. ①手… Ⅱ. ①娜… ②朱… ③伊… ④章… Ⅲ.
①树木－儿童读物 Ⅳ. ①S718.4-49

中国版本图书馆CIP数据核字(2022)第154411号

*Le livre aux arbres*
by Nathalie Tordjman
Illustrated by Julien Norwood & Isabelle Simler

Originally published in France as:
LE LIVRE AUX ARBRES by Nathalie Tordjman
Illustrated by Julien Norwood and Isabelle Simler
© Editions Belin/Humensis, 2020
Current Chinese translation rights arranged through Divas
International, Paris
巴黎迪法国际版权代理 (www.divas-books.com)
Simplified Chinese edition copyright © 2022 by
United Sky(Beijing) New Media Co., Ltd.
All rights reserved.

北京市版权局著作权合同登记号 图字：01-2022-2910号

**手绘树百科**

[法] 娜塔莉·陶德曼 著

[法] 朱利安·诺伍德　[法] 伊莎贝尔·希姆蕾 绘

章荣 译

| | |
|---|---|
| 出 版 人 | 王 磊 |
| 选题策划 | 联合天际 |
| 责任编辑 | 张国良　胡瑞芯 |
| 特约编辑 | 邢 莉 |
| 装帧设计 | 王颖会 |
| 责任印刷 | 于浩杰　蔡 丽 |
| 法律顾问 | 中咨律师事务所　殷斌律师 |

| | |
|---|---|
| 出　　版 | 海豚出版社 |
| 社　　址 | 北京市西城区百万庄大街24号　邮编：100037 |
| 电　　话 | 010-68996147（总编室）　010-52435752（销售） |
| 发　　行 | 未读（天津）文化传媒有限公司 |
| 印　　刷 | 天津联城印刷有限公司 |
| 开　　本 | 12开（787mm×1092mm） |
| 印　　张 | 6 |
| 字　　数 | 73千字 |
| 印　　数 | 1-6000 |
| 版　　次 | 2022年10月第1版　2022年10月第1次印刷 |
| 标准书号 | ISBN 978-7-5110-6083-9 |
| 定　　价 | 68.00元 |

未小读
UnRead Kids
和世界一起长大

未读CLUB
会员服务平台

本书若有质量问题，请与本公司图书销售中心联系调换
电话：(010) 52435752

未经许可，不得以任何方式
复制或抄袭本书部分或全部内容

版权所有，侵权必究

"未小读"手绘自然百科系列

# 手绘
# 树百科

100多种你不知道的植物趣味百科

[法]娜塔莉·陶德曼 著

[法]朱利安·诺伍德 [法]伊莎贝尔·希姆蕾 绘

章荣 译

海豚出版社
DOLPHIN BOOKS
中国国际传播集团

## 树是什么     *1*

### 令人惊叹的植物 ················· 2
仔细观察：树的细节

### 树干很结实 ··················· 4
趣味问答：树的访客

### 好多的树叶 ··················· 6
仔细观察：单叶还是复叶

高清细节：树的一年 ················ 8

我的观察记录：在公园里 ············· *10*

## 树是怎样长大的     *13*

### 长高和长大 ··················· 14
小小工作间：测量一棵树

### 用根"喝水" ·················· 16
仔细观察：树根的四种形态

### 树叶会"做饭" ················· 18
趣味问答：有关树生长的一切

高清细节：树善于自我保护 ············ 20

我的观察记录：在气候适宜的森林里 ······· 22

## 一棵树是怎样诞生的　25

树的种子 …………………………………………… 26
　　仔细观察：会旅行的种子

花的功能 …………………………………………… 28
　　仔细观察：两种不同性别的树

用其他方式繁殖 …………………………………… 30
　　小小工作间：小树长大啦

　　高清细节：树的一生 …………………………… 32

　　我的观察记录：在果园里 ……………………… 34

## 树有什么神奇的力量　37

适应环境的高手 …………………………………… 38
　　仔细观察：历经考验的树

木材制造者 ………………………………………… 40
　　趣味问答：你身边的木材

果实生产者 ………………………………………… 42
　　仔细观察：以树为食的动物

　　高清细节：不可思议的才能 …………………… 44

　　我的观察记录：在地中海边的乡村里 ………… 46

## 奇妙的树　49

树的世界纪录 ……………………………………… 50

落叶树 ……………………………………………… 52

四季常青的树 ……………………………………… 54

装饰性树 …………………………………………… 56

令人惊奇的树 ……………………………………… 58

可以嚼的果实 ……………………………………… 60

索引 ………………………………………………… 61

问题答案 …………………………………………… 61

# 树是什么

# 令人惊叹的植物

**树是竖直向上生长的植物。**

## 树的五大特征

* 有一个树干，树干可以长得非常粗壮，并且生出许多树枝。
* 树会制造出一种坚硬的物质——木质素，它是木材的主要成分之一。
* 树根会将树紧紧固定在泥土里，一棵树通常会在一个地方生长并度过一生。
* 树的寿命很长，因此，它被称为多年生植物。
* 大多数树会开花结果。

### 这些可不是树！

**棕榈**
它的树干有些特别，其中并没有年轮。

**竹**
它没有树枝，并且茎部是空心的。

## 高高低低的树

### 亚灌木

欧石楠

它的高度不足1米。

### 灌木

荆豆

它的高度能达4～5米。

### 落叶灌木或小乔木

榛

它的高度可达6～8米。

# 树的细节

**夏栎**

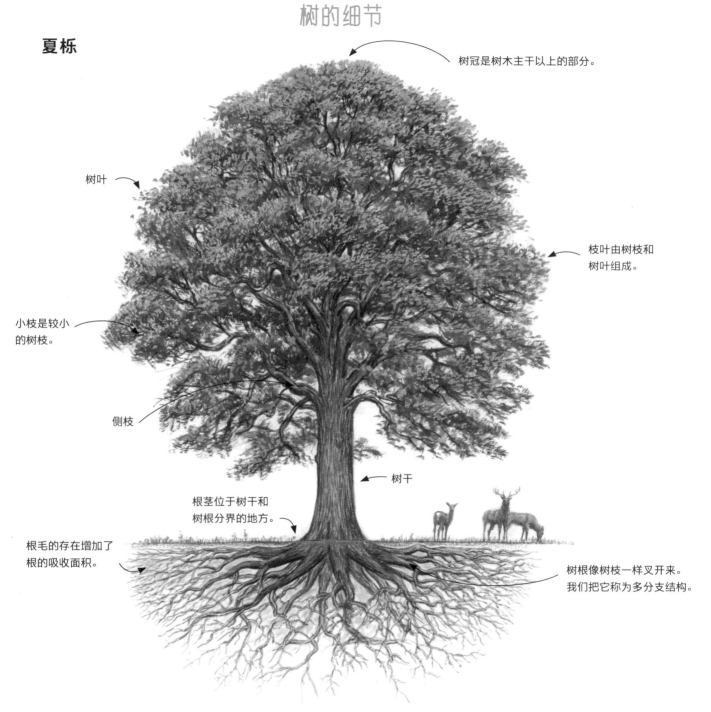

树冠是树木主干以上的部分。

树叶

枝叶由树枝和
树叶组成。

小枝是较小
的树枝。

侧枝

树干

根茎位于树干和
树根分界的地方。

根毛的存在增加了
根的吸收面积。

树根像树枝一样叉开来。
我们把它称为多分支结构。

枝叶赋予了每棵树独特的外观特征，这就是树的形状。
这棵夏栎的形状像鸡蛋。

# 树干很结实

树干结实无比，可以支撑起所有枝叶的重量。

## 起保护作用的树皮

包裹着树干的树皮是树的重要组成部分：如果没有树皮，树就会死去。无论树皮是厚是薄，它都能保护树，帮助树抵挡雨水、日光、寒冷甚至动物的侵害。

## 树液在树皮下流动

树液就像树的"血液"，沿着两条路线滋养着树：

* 下行树液（韧皮部树液）富含有机物（糖分），通过薄薄的韧皮部从顶部流向根部，使树木能够存活和生长。
* 上行树液（木质部树液）由水分和无机盐组成，通过厚厚的木质部从根部到达树的顶端。

下行树液在韧皮部中流动。

上行树液在木质部中流动。

树皮

中间的木质是死的，没有树液流过。

## 树皮会随着树干的生长而发生变化

* 幼树的树皮往往十分光滑，有时是绿色的。

**桦树**

* 老树的树皮会变得很厚，呈灰色或棕色。

**海岸松**

* 有些树的树皮会定期更新：悬铃木的树皮会呈块状脱落，白桦和桉树的树皮则会呈带状脱落。

**悬铃木**

# 树的访客

1. 鸸（shī）是一种鸟儿，它在冬天敲打树皮是为了什么？

    a 赶走昆虫和蜘蛛
    b 敲开它卡在树皮间的榛子
    c 挖个洞筑巢

2. 槲（hú）寄生是一种球状植物，它附着在树枝上是为了什么？

    a 侵害果实
    b 防止被啮（niè）齿动物伤害
    c 吸取树液

3. 树皮上的青苔通常是从树的哪一侧长出的？

    a 最潮湿的那一侧
    b 朝北的那一侧
    c 朝南的那一侧

4. 常春藤是一种攀缘植物，它为什么贴着树皮生长？

    a 吸取树液
    b 获得更多的光照
    c 保护树干

# 好多的树叶

树叶的类型多种多样。
每种树叶都有独特的形状和排列特征。

## 树叶的两个部分

* 树叶的主要部分是叶片，叶片大多呈扁平状，上面布满了叶脉，树液在叶脉里流动、循环。
  不同树的叶片形状不尽相同：圆形、椭圆形、掌形或针形。而叶缘是光滑的，或呈波纹状、锯齿状……
* 树叶的另一部分是叶柄，叶柄有长有短，能将叶片固定在枝丫上。

## 两种类型的树

* 阔叶树的叶片宽大，叶子可能是单叶，也可能是复叶。

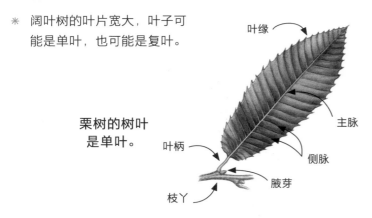

栗树的树叶是单叶。

叶缘

主脉

叶柄

侧脉

枝丫

腋芽

* 针叶树或球果植物的叶片窄小，只有一条叶脉。叶片的形状是针状的，比如松树；或鳞片状的，比如柏树。

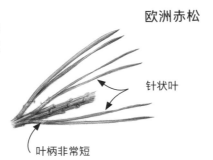

欧洲赤松

针状叶

叶柄非常短

6

## 树叶的三种排列方式

**互生叶序**

山毛榉的枝条

树叶一片接着一片，交替长在枝条的不同高度。

对生叶序

栓皮枫的枝条

树叶两片相对地长在枝条上。

**轮生叶序**

欧洲刺柏的枝条

针状叶通常是轮生叶序。每节上长出3片或3片以上的叶子。

# 单叶还是复叶

单叶的叶柄上只有一片叶片。

1条主脉

叶缘带有数个
圆裂片

叶柄短

**栎树的树叶**

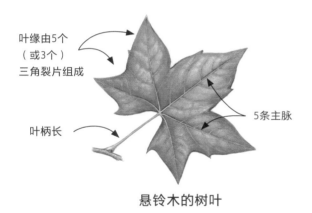

叶缘由5个
（或3个）
三角裂片组成

5条主脉

叶柄长

**悬铃木的树叶**

一个叶柄上生有两片或两片以上小叶片的叶是复叶，
这些小叶片就叫作小叶。

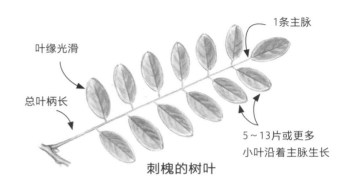

叶缘光滑

1条主脉

总叶柄长

5～13片或更多
小叶沿着主脉生长

**刺槐的树叶**

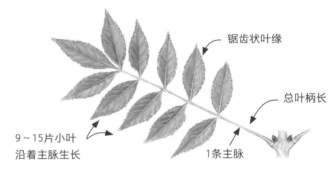

锯齿状叶缘

总叶柄长

9～15片小叶
沿着主脉生长

1条主脉

**欧洲白蜡的树叶**

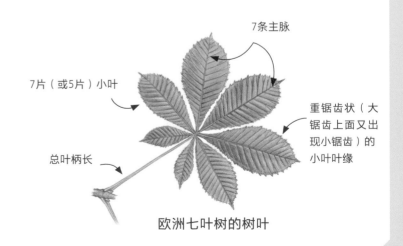

7条主脉

7片（或5片）小叶

重锯齿状（大
锯齿上面又出
现小锯齿）的
小叶叶缘

总叶柄长

**欧洲七叶树的树叶**

1条主脉

叶缘光滑

背面呈
银白色

叶柄短

**油橄榄的树叶**

请找出只有1条
主脉的树叶。

# 树的一年

针叶树的针叶一年四季都是绿色的，它们大多是常绿树。
阔叶树的树叶会在秋天掉落，它们大多是落叶树。

## 针叶树：欧洲云杉

针叶树的叶子大多为针状，比如欧洲云杉。欧洲云杉的针叶一般可以
保持5～9年，并且会随着时间的推移不断更新。

**夏天**
欧洲云杉会集中全部的能量来供养最幼小的枝丫，并生出叶芽，以便来年生长。

**秋天**
成熟的球果会张开鳞片，其中带有膜状翅膀的种子就能乘风飞向远方。

**春天**
欧洲云杉在这个季节生长得最为茂盛。它会从叶芽中生出新的枝丫，再从枝丫边缘生出新的针叶，然后开花。

**冬天**
欧洲云杉的叶芽有芽鳞保护，而芽鳞能分泌树脂，从而保护针叶不受寒冷的威胁。

# 落叶树：欧洲甜樱桃

落叶树的树叶宽大，但树叶维持时间不超过一个夏天，
树叶每年都会更新换代。

**夏天**

欧洲甜樱桃的叶片完全长开了，不会再继续
生长。从叶柄根部生出的腋芽，来年会长成
新的枝条、树叶或花朵。

**秋天**

随着白天变短，树叶产生的叶绿素也会减
少。树液不再给树叶提供养分，树叶逐渐枯
萎、掉落。

**春天**

白天渐渐变长。树液重新开始在树皮下循环
流动。腋芽逐渐长大，有些开出了花朵；树
叶也在迅速展开。

**冬天**

欧洲甜樱桃的叶子掉光了。它依靠树根里储
存的养分继续缓慢生长。它的腋芽有芽鳞保
护，所以不惧霜冻。

# 在公园里

银毛椴

黎巴嫩雪松

垂柳

黎巴嫩雪松

香蕉树

黄杨

## 我的观察记录

1.哪种树的叶子
是银色的？

2.哪种树种在
草坪中央？

3.哪种树的树皮
呈块状脱落？

4.哪种树修剪
成了篱笆？

悬铃木

千金榆

欧洲七叶树

5.哪种树的枝条可以
垂到地上？

6.哪种树状植物
没有树干？

7.哪种大型针叶树的
树冠是平的？

8.哪种灌木修剪
成了球形？

# 树是怎样长大的

# 长高和长大

树会终生不停地生长，只是有时长得比较快，
有时长得比较慢。

## 树干变粗

木质由树皮下的连续木层组成。在气候适宜的地区，树每年会长
出两层木质层。

浅色且宽的木质层是在生长旺盛的季节形成的，深色且浅的木质层
是在生长缓慢的季节形成的。

它们都来自从树根向枝头运输水分和矿物质营养的木质部。

随着时间的流逝，树干、树枝和树根会逐渐长大。

## 生长的年轮

年轮由浅色木质层和深色木质层组成。

我们可以通过数年轮的方式来估算一棵
树的年龄。最中间的部分是最早形成的，
叫作"心材"，心材中没有树液流动，
它非常坚硬，起支撑的作用。

树皮

边材

心材

**年轮**

一圈年轮代表一年树龄。年轮的宽
度往往不同：当气候条件不好时，
年轮会变窄。

## 树长高了

❋ 夏天，叶柄的根部
长出叶芽。

顶芽

叶柄

芽

茎

正在休眠的叶芽

❋ 秋天，树叶掉落。

❋ 冬天，只剩下休眠
的叶芽，受到棕色
鳞片的保护。

❋ 春天，顶芽的鳞叶掉落，枝丫变长。上一年夏天形成的
叶芽会发芽并长成新的树叶。

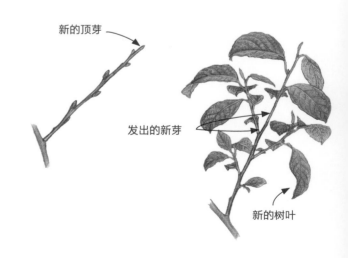

新的顶芽

发出的新芽

新的树叶

# 测量一棵树

## ✳ 估算一棵树的高度 ✳

1.选择一棵你能看到全貌的树。

2.准备两根相同的木棒，长度为20厘米。将一根木棒水平放置在与眼睛相同的高度，然后将另一根木棒垂直放置在第一根木棒的末端（如图所示）。

3.瞄准那棵树。适当地前进或后退，直到垂直的木棒上下两端刚好分别与树冠和树干的底端重合。

4.当你调整到合适的位置时，用脚在地上做个标记，然后用米尺测量出标记与树之间的距离。这个测量结果就是树的高度。

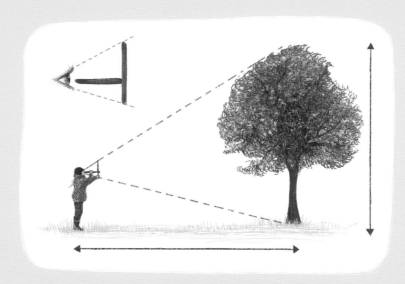

## ✳ 测量树围并计算树干的直径 ✳

1.准备一根绳子，在树干与胸口平齐的高度，用绳子围着树干绕一圈。

2.取下绳子，用米尺测量绕线的长度，这个长度就是树围。

3.将树围（单位：厘米）除以3.14。比如：如果树干的树围为1米（100厘米），100÷3.14≈32，那么树干的直径约为32厘米。

# 用根"喝水"

**树需要水，很多很多的水！**

## 树根的主要功能

树根向土壤中延伸是为了汲取土壤中的水分，而根毛的存在大大增加了根的吸收面积。根毛会定期更新，就像树叶一样。

## 一个强大的团队

树的细根内或表面常常长有一些真菌。这些真菌会帮助树吸收富含矿物盐的水分，然后形成上行液流。

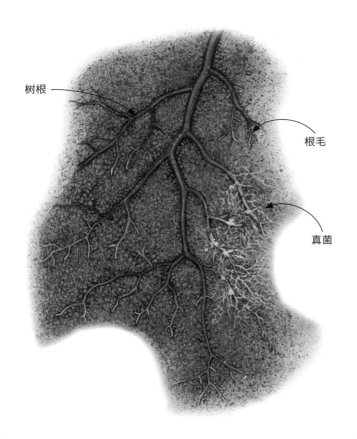

树根

根毛

真菌

## 树根的其他两个功能

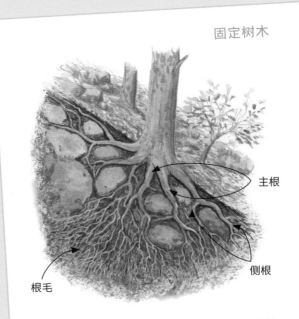

固定树木

主根

侧根

根毛

树的主根和侧根由木质构成，它们是树的根基，可以保护树不被大风刮倒。只有当树死了，主根和侧根才会消失。

储存养分

冬天，树液不再循环流动。

每当夏秋季节，树会将养分储存在根部。等到了冬天，这些养分可以保护树根免受霜冻；而春天，在养分的滋养下，树又会长出新的叶子。

# 树根的四种形态

树的种类、年龄、土壤里的障碍物等因素都会影响树根的形态。

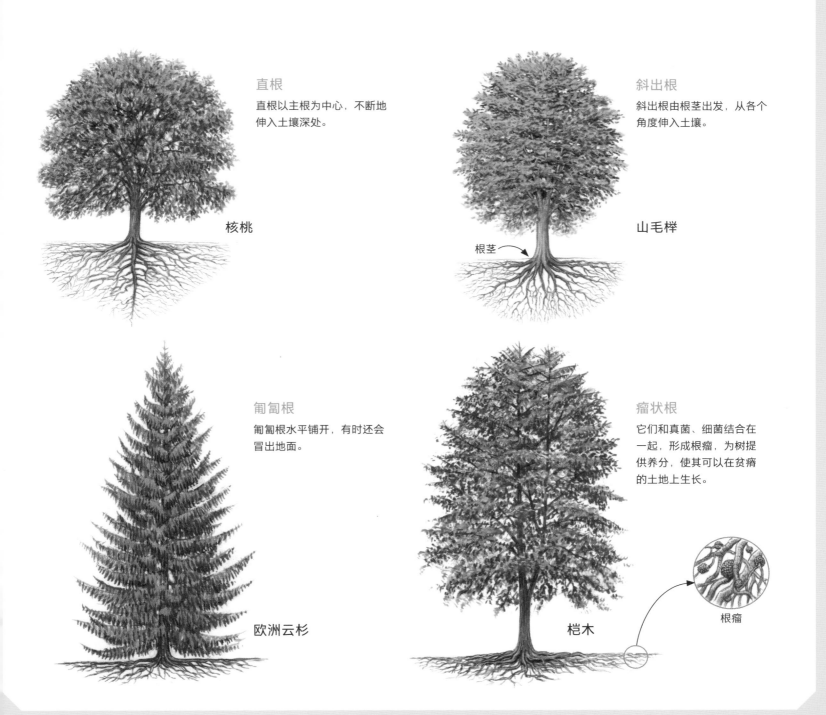

**直根**
直根以主根为中心，不断地伸入土壤深处。

核桃

**斜出根**
斜出根由根茎出发，从各个角度伸入土壤。

根茎

山毛榉

**匍匐根**
匍匐根水平铺开，有时还会冒出地面。

欧洲云杉

**瘤状根**
它们和真菌、细菌结合在一起，形成根瘤，为树提供养分，使其可以在贫瘠的土地上生长。

桤木

根瘤

# 树叶会"做饭"

**树叶为树制造养分。**

## 基本配料

为了制造养分，树会从空气中吸收二氧化碳（$CO_2$），这些二氧化碳通过叶片上微小的缝隙进入叶子，而这些缝隙被称为气孔。此外，树会利用树根汲取土壤中的水分（$H_2O$），并通过木质部中的上行树液将水分输送到树叶。

## 怎么做

白天，树利用光照的能量将二氧化碳和水分汇集到树叶中，从而制造养分（糖分），并释放出氧气。这个过程叫作光合作用。糖分产生后，韧皮部中的下行树液将它输送到树的所有部位，同时，树叶会释放一定的水分（$H_2O$）和氧气（$O_2$）。

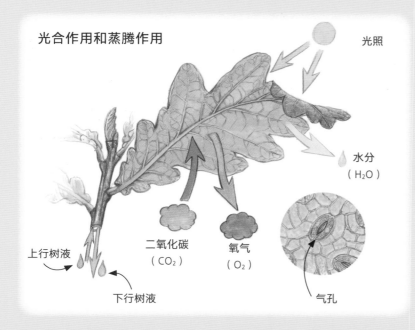

光合作用和蒸腾作用

光照

水分
（$H_2O$）

上行树液

下行树液

二氧化碳
（$CO_2$）

氧气
（$O_2$）

气孔

## 光合作用的重要性

进行光合作用时，树会向空气中释放氧气，以供生物呼吸。

并不是只有树才会进行光合作用。海洋表面的浮游生物也为地球上的我们制造了一半的氧气。

浮游生物

$O_2$

$CO_2$

$CO_2$

$CO_2$

$O_2$

$O_2$

树时刻都在呼吸，它们会消耗氧气，释放二氧化碳。不过，在白天的光合作用中，树制造的氧气比消耗的多，吸收的二氧化碳也比排出的多。因此，树能够更新空气成分并调节气候。

# 有关树生长的一切

**1. 当树长高时，挂在树枝上的秋千会怎样？**

- a 变高
- b 变低
- c 高度不变

**2. 树在生长的过程中需要什么？**

- a 水分
- b 水分和光照
- c 水分、空气和光照

**3. 树进行呼吸作用的主要场所是哪里？**

- a 绿叶
- b 木质
- c 树皮

**4. 树会通过什么方式汲取水分？**

- a 将树根与真菌结合
- b 将树根伸到河里
- c 用树叶接住雨水

# 》》》》 树善于自我保护 《《《《

当树遭受攻击时，它们不能呼救，也无法逃跑，
但它们非常擅长自我保护，以及自我疗养。

## 树的自我保护

### 带刺的树叶

欧洲冬青的树叶边缘有刺。动物害怕被刺伤，所以不会
去吃它的叶子。但是在树冠的上端、远离食草性动物的
地方，欧洲冬青又会长出平整无刺的树叶。

### 有毒物质

紫杉的树叶、枝条、树皮和种子里都含有毒素，如果冒失
的食草性动物啃了一口紫杉的叶子，就会立马难受得不敢
再啃第二口。

### 具有威慑力的刺

金合欢枝丫上尖锐的刺
会吓走食草性动物。

# 树的自我疗养

## 保护性修补

有的昆虫（如蚜虫）会在树叶上产卵。为了保护自己，昆虫会分泌物质让植物长出一个中空的肿块，我们称之为"虫瘿（yīng）"。当虫瘿遭到外界破坏时，昆虫会在缺口处分泌体液，最终使自己胶黏的体液凝结成一个大疤。而当树接收到来自昆虫的修复信号时，也会开启自我修复功能。

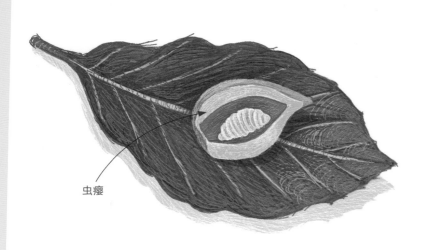

虫瘿

## 有用的瘢（bān）痕

当树的粗枝被扯断时，断口处会长出一种特别的木质并形成一块隆起，以阻止病菌侵入树干。

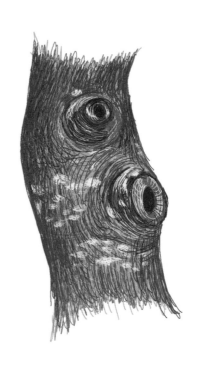

## 有效的药膏

当昆虫啃咬樱桃树的树皮汲取汁液时，真菌和细菌也会进入树内，这可能会让树木感染。因此，樱桃树会制造一种黏性树胶来愈合伤口。

黏性树胶

在气候适宜的森林里

欧洲赤松

小叶椴

榛树

山毛榉

我的观察记录

1.哪种灌木生长在
森林的边缘？

2.松鸦停在哪棵树上？

3.哪种树的周围
不长其他东西？

4.啄木鸟会在哪棵树上
啄出一个窝？

欧皮桦

欧洲云杉

夏栎

欧洲冬青

5.哪种树的树皮
是橘黄色的？

6.松鼠在哪棵树下
啃松果？

7.哪种树的树皮
是灰白色的？

8.哪种树带刺如
荆棘丛生？

# 一棵树
# 是怎样诞生的

# 树的种子

一棵树往往是由一粒种子发芽长大的。
在成为参天大树之前，它是一株纤细的树苗！

## 一切都在种子里

种子由胚、胚乳和种皮三部分
组成。胚会长成树，胚中的子
叶会储存养分，而种皮起着保
护胚和胚乳的作用。

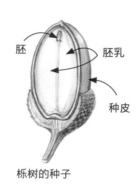

胚　　胚乳　　种皮

栎树的种子

## 部分阔叶树种子的发芽方式

* 春天，当土壤足够温暖湿润时，种子会吸水膨胀，胚开始苏醒。胚
  会生出根，冲破种皮，深深地扎进土壤中吸收水分。
* 一株幼苗慢慢长高。
* 幼苗会长出绿色的树叶，开始自我供养。同时，子叶变空，不再储
  存养分。

小橡树的诞生　　当橡子发芽时，
它的子叶一直在地面之下。

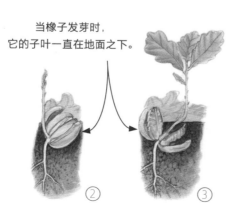

① ② ③

26

## 其他两种发芽方式

### 在其他阔叶树中

当种子发芽时，它的子
叶会随幼苗一起被顶出
地面。由于子叶也是绿
色的，有时它会被误认
作树叶。

最先长出的
树叶

子叶

欧洲冬青的诞生

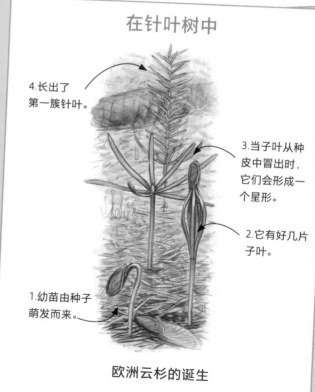

### 在针叶树中

4.长出了
第一簇针叶。

3.当子叶从种
皮中冒出时，
它们会形成一
个星形。

2.它有好几片
子叶。

1.幼苗由种子
萌发而来。

欧洲云杉的诞生

# 会旅行的种子

## 种子可以在离原来的树很远的地方发芽，它们是怎么做到的？

### 会飞翔的种子

英国榆的种子被一个圆润轻盈的薄翅包裹着，因此，它可以被风吹到很远的地方。

### 会滚动的种子

欧洲七叶树的种子乍一看很像栗子，但是顶端没有尖。它被光滑的外壳包裹着，因此，它可以在地面上自由滚动。

### 会漂浮的种子

桤（qī）木纤细的种子被软软的木质包裹着，因此，它会随着河水漂流。

### 被动物搬运的种子

星鸦很爱吃瑞士山松的种子。星鸦会搜集这些种子并将其埋在地下。这些埋在地下而没有被吃掉的种子就会生根发芽。

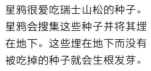

山毛榉的种子有带刺的外壳，可以紧紧钩在野猪的皮毛上。这也是一种有效的出行方式。

狐狸会吃野樱桃树和接骨木掉落在地上的果实。当这些种子随着狐狸的粪便被排出时，它们已经准备好生根发芽了！

狐狸的粪便

# 花的功能

大多数的树一旦成年，就会开花。只是有些树开的花过于隐蔽或树木太过高大，我们可能没有注意到。

## 繁殖

花里面有树用以繁殖的生殖器官。雄蕊能产生花粉，是花的雄性生殖器官。雌蕊里含有胚珠，是花的雌性生殖器官。

## 雄花和雌花

* 一些树的雄性和雌性生殖器官长在同一朵花里，如椴树和欧洲甜樱桃。
* 另一些树则不同，开的花一部分是雄花，另一部分则是雌花，如橡树和所有针叶树。

雌蕊

雄蕊

**欧洲甜樱桃的花**

**榛树的花**

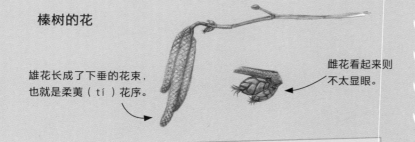

雄花长成了下垂的花束，也就是柔荑（tí）花序。

雌花看起来则不太显眼。

### 花是如何产生种子的？

无论树是什么种类，它的花是什么类型，花粉颗粒（雄蕊）必然会到达同一种类的花蕊（雌蕊）上，这一过程叫作传粉。
花粉颗粒通过这种方式使胚珠受精，于是胚胎随之产生，这一过程叫作授粉。而每个受精的胚珠都会发育成一颗种子。

---

# 花粉是如何到达同一种类花的雌蕊上的呢？

## ✳ 随风飘落

雄花的花粉被风吹到另一棵树的雌花上。

落叶松的花

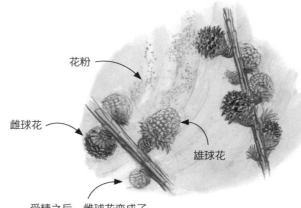

花粉

雌球花

雄球花

受精之后，雌球花变成了包含种子的球果。

## ✳ 通过昆虫搬运

一些昆虫会被花朵的色彩和香气吸引。当昆虫觅食时，花粉颗粒会附着在它们身上。当它们降落到另一朵花上时，花粉颗粒会落到雌蕊上。

欧洲七叶树的花

只有受精的花才能长出果实（马栗）。

# 两种不同性别的树

**像欧洲冬青（杨、柳、银杏等）这类树，它们的雄花和雌花分别生在不同的植株上，要么是雄树，要么是雌树。**

欧洲冬青的
雄花

欧洲冬青的
雌花

1.在欧洲冬青的雄花上，每朵花都有4个释放花粉的雄蕊。而雌蕊并不发达。
在欧洲冬青的雌花上，每朵花都有一个粗壮的中心雌蕊。而雄蕊十分细小，并且没有花粉。

从雄冬青

飞到雌冬青上

2.雄树开出的洁白芳香的花会吸引昆虫前来觅食，从而依靠昆虫将花粉带到雌树上。

3.受精后，雌花会长出果实，也就是这些包含种子的红色小球。

4.鸟儿会吃欧洲冬青的果实，并将果实里的种子吐出来或通过粪便排出来，这样一来，种子分散到了各地。它们生根发芽时，又会长出一棵雄树或雌树。

# 用其他方式繁殖

有时候，树不需要花或种子就能繁殖。
这种繁殖方式叫作无性繁殖。

## 一种快速的繁殖方式

当树不通过种子繁殖时，它们消耗的能量会相对较少，并且能更快速地占领一片土地。但是当气候变化时，由于它们彼此之间靠得太近且完全相同，存活的概率会更小。

## 由一根树枝长成

一些通过花和种子繁殖的树也可以由一根树枝长成，如欧洲冬青和侧柏。它们修长柔韧的树枝落到地上时，会生出根。然后，树枝的末端会开始向上生长，长成一棵小树。

欧洲冬青

## 由沉睡的叶芽长成

刺槐或丁香靠近地面的根上会长出叶芽，继而长出一株新的幼苗。幼苗继续生根并逐渐独立。这就是根蘖（niè）。

根蘖

丁香

## "嫁接"是什么？

园林工人发明了一种技术，
可以让树结出的果实更大更多，
这种技术叫作"嫁接"。

＊　一颗发芽的苹果种子会长成一棵树根强韧的苹果树，但它结出的果实往往很小。

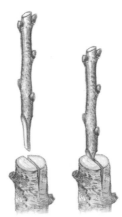

＊　在苹果树苗的根稳固了之后，园林工人会剪掉它的树冠并在截面上切出一条缝，然后从另一棵高产的苹果树上截取一段枝条塞进这条缝中。

＊　如果嫁接成功，根部产生的汁液就可以为新的枝条提供养分，使其结出优质的果实。

# 小树长大啦

## ∗ 播下树种 ∗

1.秋天，收集一些栗子、枫树翅果或者橡子，挑出其中长得最好的那几颗。

3.将这个容器放入冰箱冷藏区，因为有的种子需要进行低温处理才能萌发。

2.在一个容器里装满湿润的沙子，并将种子埋在里面。

4.一两个月后，将种子拿出来，埋进花盆里，深度大概在3～4厘米，并定期给它们浇水。耐心点，种子可能需要一个月才会发芽。

## ∗ 扦插 ∗

1.在冬天即将结束时，选择一根笔直的柳条，剪下它的一端。剪下的柳条长度要在80厘米以上。

2.将柳条插进湿润的土壤里，深度至少要达到40厘米。再适当调整一下，使叶芽朝上。

3.定期给它浇水。柳条会在土里生出根来，并很快长出树叶。

# 树的一生

树的生命周期可长达数十年，甚至数百年。
有些树还具有再生能力。

## 从诞生到衰老

### 1.快速发芽

春天，种子会拼命吸水。
过不了几天，它就会发芽。

千金榆的
第一片叶子

子叶

### 2.漫长的青春

每年，小树都会长高一点，同时它的树干也会增加一圈年轮。每年春天，小树都会长出新的枝丫，而新的枝丫上会长出新的树叶。

新的树叶

冬天，千金榆的枯叶
常常会留在树上。

### 3.成年时期

当树长到成年高度时（千金榆大约在20岁成年），会停止长高并开出花。这是它头一次开花，而开出的花又会结出种子。

在秋天，千金榆的
雌花会长成带有种
子的花环。

### 4.平静地衰老

随着年龄增长，树长出的根、叶子和种子会越来越少。它的枝丫会越来越短，最高的树枝开始死去，树冠渐渐变成扁平状。

千金榆大约在20岁
时首次开花，它的
树高约为10米。

# 生命的终结

* 树通常会缓慢地死去（除非是生病或遭遇意外）。它的汁液会停止流动，叶子全没了，但它仍可以站立好几年。

一棵千金榆可以活100~150年。

* 当树死去倒在地上时，蚯蚓、真菌等分解者会来侵蚀它的木质，使其腐烂。这样一来，那些营养物质又会回到土壤中，造福于其他植物。

一棵倒在地上的千金榆可能需要10~20年才能完全消失。

# 重生

* 某些阔叶树的树干被砍断后，它的树桩上会长出新的树枝。这些新枝都差不多大。

* 新枝会长成树茎，同样受到树根的掌控。它们长得很快，但是永远不会像原来的树干那样粗壮。

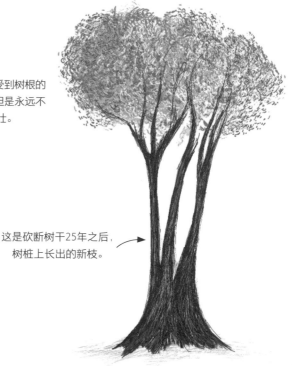

这是砍断树干一年之后，树桩上长出的新枝。

树桩

这是砍断树干25年之后，树桩上长出的新枝。

# 在果园里

油橄榄

梨树

无花果树

榅桲

我的观察记录

1.哪种树是为了利用墙壁的热量而修剪的?

2.哪种树是为了水平生长而修剪的?

3.哪种树结出的果实叫作榅桲(po)?

4.哪种树的树干很高?

櫻桃樹

扁桃樹

苹果树

古树

5.哪种树结出的
果实是橙色的？

6.哪种树能结出
巴旦木？

7.果实能榨油的
树叫什么名字？

8.哪种树会长出
一大片荆棘丛？

# 树有什么神奇的力量

>>>>>—<<<<<

# 适应环境的高手

和所有生物一样，树也需要感知周围的
环境变化并做出适当反应。它是怎么做到的呢？

## 树的秘密

树既没有大脑，也没有心脏。它的生命机能分布在所有的树叶、树干以及树根上。正因为树具有分散的组织结构，所以当它遭到外界攻击时，丧失整个生命器官的风险会较小。

## 功能强大的树叶

一棵树有成千上万的叶子，它们是树的眼睛、肠道和肺。
像眼睛一样，树能够探测到光的来源，并调整自己的方向以吸收更多的光照。
和人的肠道一样，树吸收养分的过程是在树叶里完成的。
与人的肺部相似，树与空气之间的交互也是在树叶里进行的。

## 敏感的树根

一棵树的根部有数十亿条根毛，它们充当着
树的耳朵和手来探索地下的环境。
它们可以"听"到水的声音，然后
使树朝着水的方向生长。

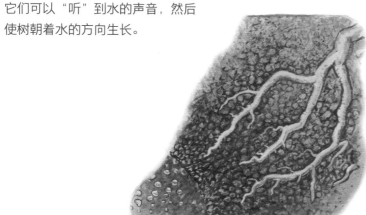

## 树的三个超能力

### 抓住土壤、提供养分

树根可以牢牢地抓住土壤，不让树被雨水冲走。
枯叶分解后，会给土壤提供腐殖质——一种天然的肥料。

### 清新空气、灌溉土地

夏天，一棵阔叶树每天可以蒸腾多达200升的水。
树将水分储存在叶子中，并排出部分水分，从而保持空气湿润，甚至有时会引发降雨。

### 净化空气

在光合作用过程中，树会吸收空气中导致气候变暖的二氧化碳，并将其储存在木质中，这样可以有效降低大气中的二氧化碳含量。
树的叶丛可以过滤掉对人体肺部有害的微小颗粒，并吸收某些污染性气体。

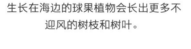
# 历经考验的树

当一棵树被种在斜坡上时，它仍然能够保持竖直向上生长。

生长在海边的球果植物会长出更多不迎风的树枝和树叶。

当小冷杉的树冠被狍子啃咬后，它周围的树枝会伸长，仿佛要修补好树冠。

欧洲落叶松

海岸松

银冷杉

根系生长爆发出的力量甚至可以掀起人行道上的沥青，难以置信！

随着时间的推移，树甚至可以"吸收"紧挨其树干的栅栏、柱子或电缆：它的树皮会逐渐包裹住被树干"吸收"的物体。

悬铃木

刺槐

# 木材制造者

树能产出一些人类无法制造的材料。

## 木材，一种极佳的原材料

不同种类的树产出的木材，其颜色和结构也各不相同。
树的生长速度越慢，它长成的木材就越结实。
细木工匠使用的木材是位于树干中心死去的木质，因为它最
坚硬。

## 如何获取木材

当树停止生长以后，我们就可以采伐木材了。伐木工会先将树
砍倒，再将树干上的树枝砍掉，然后将木材运到锯木厂。在那
里，木材会经过干燥以及防虫防菌处理，随后被锯成木板。树
枝可以用来供暖或粉碎后制成纸张或纸盒。

# 树的其他产品

* **树脂**

我们可以通过割开
松树的树皮来获得
树脂。树脂可以用
来制药或做成涂料。

树会自动分泌树脂来
愈合伤口，和树液不
是一回事。

* **软木**

栓皮栎的树皮每隔十年
收获一次。软木是一种
非常好的隔音防寒和绝
缘的材料。它也可以用
来制作酒瓶的木塞。

* **树枝**

白蜡树和榆树的树枝生长
得非常快，所以经常被人
们用来供暖。它们的叶子
可以用来喂养家畜。

有些树的树枝每隔6~15年就
要被砍伐一次，我们将这种树
称为"截头树"。

# 你身边的木材

**1. 人们通常用什么来制作家具?**

- a 树干
- b 树枝
- c 树根

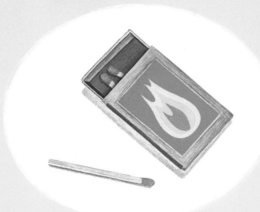

**2. 哪种木材可以用来制作火柴?**

- a 冷杉的木头
- b 橡树的木头
- c 杨树的木头

**3. 过去，支撑铁轨的枕木是用什么做的?**

- a 铁
- b 橡木
- c 塑料

**4. 纸张的木质纤维可以循环利用多少次?**

- a 1次
- b 5次左右
- c 无限次

# 果实生产者

很多树都会结出果实，
但并不是所有的果实都能被人类食用。

## 果实从哪里来

树上结出的果实是由授粉的花慢慢发育而成的。它的果皮有薄有厚，保护着里面的果肉，而果肉中间往往包含着一颗或几颗种子。

## 可食用的外皮

某些果实的种子就是它果肉里面的果核或籽儿，如梨、苹果、李子或橙子，我们平时吃的是汁水多的果肉部分。

一个梨子中包含10颗种子，
也就是籽儿。

## 可食用的种子

还有一些果实，如核桃、榛子、扁桃仁和板栗，我们吃的是种子。所以，我们得将其从果壳里剥出来。这类果实的外壳往往像木头一样坚硬，不可食用。

核桃是核桃树
结出的果实。

# 花和树叶也是宝

＊ 椴树的花可以用来制作药茶。我们要在花朵盛开，也就是即将结出果实前将它采下。

**椴树的花**

＊ 在热带地区，人们会使用茶树的嫩叶制作各种茶饮。

**茶树的嫩叶**

＊ 迷迭香、月桂、鼠尾草以及百里香的叶子是很受欢迎的香料，常被用于烹饪。

**迷迭香**

作为一种常绿植物，一年四季都可以采摘。

＊ 柏树的球果，桉树、白蜡树的树叶，柳树的树皮，以及松树、杉树的叶芽都可以用于制药。其中由松柏果实制成的药物能够改善血液循环。

**松柏的果实**

# 以树为食的动物

### 吃树叶的动物

飞蛾的幼虫以树叶为食。

每种飞蛾都有自己偏爱的树。比如，家蚕蛾的幼虫——蚕，它以桑树叶为食。

### 吃果实的动物

鲜红色的果实容易吸引鸟儿。

欧亚鸲（qú）钟爱欧洲卫矛的果实。

### 吃种子的动物

啮齿动物经常在地上搜集种子。

小老鼠会啃食橡子、榛子或在樱桃树下找到的樱桃核。

### 吃木头的动物

鞘翅目的幼虫，如天牛的幼虫，会啃食木头，这一过程长达6个月。

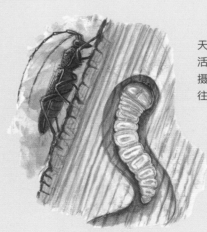

天牛的幼虫在树皮下生活。在会飞之前，为了摄取营养，它会不断地往树里面钻。

# 不可思议的才能

通过研究树，科学家们了解了它们的生长方式，而其中有许多令人赞叹称奇的发现。
当然，关于树的一切，还有许多秘密有待人们去发现！

## 树之间互相交流

### ＊ 通过空气传递消息

金合欢对前来吃它叶子的羚羊做出的反应就是一个很好的例子。

羚羊一开始啃食树叶，金合欢就会分泌出一种有毒物质，使它的叶子变得不好消化。于是，羚羊停止啃食它的叶子，转而走向另一棵金合欢。这时，第一棵金合欢向空气中释放出一种气体，警告相邻的其他金合欢。因此，在被羚羊啃食之前，其他金合欢的叶子也变成了有毒的叶子。

### ＊ 在地下传递消息

如果一棵树的叶子生病了，那么树会释放出一种物质，传到它的根部。而与根部接触的真菌会向其他树发出警报（无论它们是否属于同一物种），帮助它们保护自己。

# 树之间的竞争与合作

＊ 大树的树荫可以保护幼小的树苗，使其不被太阳灼伤。当小树苗需要光照生长时，它们之间会产生竞争：强壮的树苗会抑制弱小的树苗，最弱小的树苗最终会死去。因此，只有强壮的树苗才能长成大树。

＊ 在热带森林，阳光很难穿透树冠，有些树会尽量避免自己的树冠和其他的树冠接触，彼此之间会留有一些空间：相邻的树能感知到彼此的存在，并避免遮挡对方的阳光。

＊ 当一棵树被砍断时，相邻的树会通过相接触的根部为它剩下的树桩（没有树叶供给养分）提供一点养分。因此，树桩的断口会愈合。树桩不会腐烂，而是慢慢长出一层可以保护木头和树皮的外壳。

# 在地中海边的乡村里

冬青栎

意大利石松

豪波利埃城

火棘

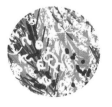

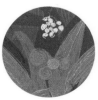

1.哪种阔叶树在冬天还有叶子？

2.哪种针叶树有红棕色的球果？

3.哪种灌木在冬天开满了白色的花？

4.哪种灌木会同时开花结果？

地中海松

普罗旺斯柏树

草莓树

白欧石楠

5.哪种小阔叶树在入冬
之前叶子就掉光了?

6.哪种树的树冠像
太阳伞一样展开?

7.哪种灌木在冬天结
满了鲜红的果实?

8.哪种树长得像字母"I"
一样笔直?

# 奇妙的树

# 树的世界纪录

**广玉兰**
广玉兰能开出最大的花朵，直径可达 20 厘米。

**菠萝蜜树**
菠萝蜜树源自印度和孟加拉国，能结出最大的果实：有些菠萝蜜的重量超过了 25 千克。

**巨杉**
巨杉生长在美国西海岸的森林里，是世界上最高的树之一。

**西班牙栓皮栎**
这种常绿树长出的树皮最厚。通常被用于制作软木塞。

## 塔斯马尼亚洛马山龙眼

塔斯马尼亚洛马山龙眼是树龄最老的树：至少有 43 000 岁。它能开出美丽的花朵，但是它既不结果也不长种子。它的枝丫会扎进土里生出树根，然后长成一棵小灌木，而这棵小灌木会永不停歇地生长下去。

## 猴面包树

猴面包树主要生长在非洲，它的树干非常粗壮。有些树干的树围长达 25 ～ 30 米，需要 20 个人手拉手才能将它围住。

## 百岁兰

百岁兰是沙漠之树，它的树干埋在沙土里，一生只长两片叶子，但这两片叶子盘绕在地面上，可以持续生长到 4 米长。

## 银杏

银杏源自中国，是最古老的树种之一。它的祖先早在恐龙出现之前就已经生长在地球上了。

## 印度榕树

印度榕树原产于亚洲南部，有着最发达的枝叶。它的树枝由气根支撑，覆盖面积可达 1 公顷。

# 落叶树

## 欧洲落叶松

这种山区针叶树是欧洲唯一的落叶针叶树。它的叶子是针状的，结出的果实是小型的球果，可以在树上停留两到三年。

## 蒙彼利埃槭

春天，它的小花会在枝丫的末端形成一个花簇。它是先开花后长叶，这样可以吸引蜜蜂。

## 黑桑树

人们种植黑桑树是为了获取它美味的果实——黑桑葚。不要将它与（同样美味可口的）黑莓混淆，黑莓树是一种野生的多刺植物。

## 绒毛栎

绒毛栎喜爱干燥温暖的气候。备受美食家追捧的菌类——松露（块菰 gū），就与它的根部相连。

## 白蜡树

白蜡树能结出令人惊叹的果实——翅果。翅果干而扁，还有一个小小的翅膀，它们成串地待在树上，度过整个冬天。

## 朴树

朴树是一种落叶乔木，非常高大。它的树皮呈灰色，会随着年龄的增长逐渐开裂。它结出的果实很像樱桃，但果肉没有味道。

## 黄花柳

黄花柳的雄性花序非常大，毛茸茸的，呈黄色。和其他柳树一样，黄花柳的雌花和雄花分别开在不同的树上。

## 核桃树

核桃树能长到 20 米高。人们种植它是为了获得制作家具的木材，以及食用它的果实——核桃。

## 欧亚槭

欧亚槭是最高的槭树，高度可达 30 米。和其他槭树一样，欧亚槭结出的果实也是翅果，有两个翅膀。

## 栗树

栗树生长在森林里。它的树干非常大，但随着年龄的增长，树干会慢慢变成空心的。栗树结的果实（栗子）是可食用的。每两到三颗栗子被一个带刺的外壳包裹着，这个外壳叫作栗壳斗。

# 四季常青的树

### 欧洲红豆杉

欧洲红豆杉是一种球果植物,它的叶子是条状针叶,呈墨绿色。它的雌树会结出红色的肉质"果实",上面红色肉质部位其实是假种皮。

### 草莓树

草莓树(洋杨梅)的树高不超过9米。它一年四季都有叶子,在初冬,它的树上既开着花朵又长着成熟的果实。

### 璎珞柏

璎珞柏的针叶又短又扎手。只有开雌花的璎珞柏灌木才会结出果实——刺柏浆果。这种果实需要3年才能成熟。

### 蓝桉

蓝桉原产于澳大利亚,通常被种植于地中海地区。蓝桉的叶子会散发芳香,它的花朵没有花瓣,而它的果实呈蓝灰色。

### 油橄榄

油橄榄是原生于地中海地区的一种油料植物。它的树干会随着年龄的增长而变得扭曲多节。它是植物界的"寿星",寿命可长达2000多年。

**意大利石松**

意大利石松的树冠高而扁平，形似一把太阳伞。它的球果里包含多达 100 颗可食用的松子。

**北美香柏**

北美香柏的生长速度缓慢，树高可达 20 米。它细小的鳞叶可以覆盖所有枝丫，而它结出的球果非常小。

**海岸松**

海岸松是一种盛产树脂的球果植物，它的针叶很长，并且可以在树上停留 3 年。

**花旗松**

花旗松是一种源自美国的球果植物，它的针叶会散发出一种柠檬的香味。这种树长得又快又高，人们种植它也是为了获得木材。

**冬青栎**

冬青栎这种常绿橡树可以同时开出雄花和雌花，但只有雌花能结出果实：橡子。

# 装饰性树

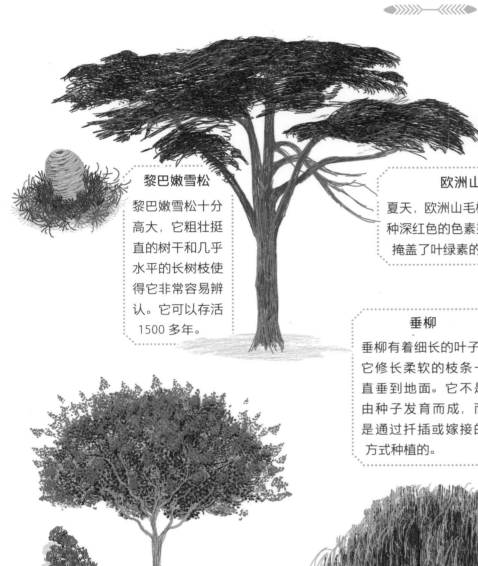

## 黎巴嫩雪松

黎巴嫩雪松十分高大，它粗壮挺直的树干和几乎水平的长树枝使得它非常容易辨认。它可以存活1500多年。

## 欧洲山毛榉

夏天，欧洲山毛榉的叶子会被一种深红色的色素染红，这种色素掩盖了叶绿素的绿色。

## 垂柳

垂柳有着细长的叶子，它修长柔软的枝条一直垂到地面。它不是由种子发育而成，而是通过扦插或嫁接的方式种植的。

## 北美鹅掌楸

北美鹅掌楸原产于北美。它开出的花看起来像大朵的橙色郁金香。

## 紫薇

紫薇原产于亚洲，备受人们的喜爱。它开出的花会形成粉色的大串花簇，而它茂密的叶丛在秋天会变成火红色。

**黄杨**

黄杨是一种常绿灌木，它在森林中可生长至6米高。在花园里，它常常被修剪成各种形状。

**毛泡桐**

毛泡桐的外观威严高大，树高超过15米。春天，它会开满淡紫色的花，看起来十分壮观。

**南梓木**

南梓木常见于街心公园或广场上。它宽大的叶子形似爱心，它结出的果实是长长的荚果，并且整个冬天都不会掉落。

**北美枫香**

秋天，北美枫香的叶子会由绿色变为红色，随后变成橙色、紫色，最后变为栗色并慢慢掉落。

**南欧紫荆**

在南欧紫荆的叶子长出之前，紫红色花朵形成的花簇会直接在枝丫或树干上展开。

# 令人惊奇的树

## 红树

红树生长于热带沿海地区。退潮时，它的根部会显露出来。它的种子在树上发芽，之后胚芽会脱落，漂浮在水面或掉入土壤中开始生长。

## 吉贝

在热带地区，吉贝可长至60米高。它的根部会在树干周围形成满是荆棘的护栏。它结出的果实能产出一种用于填充坐垫的纤维：木棉。

## 落羽杉

落羽杉这种球果植物多生长于沼泽地带。由于土壤潮湿且氧气不足，它的根部会形成呼吸根，用于吸收空气。落羽杉属于落叶树。

## 银荆

银荆原产于澳大利亚。它开出的花朵呈黄色，香气扑鼻，在欧洲的地中海区域，银荆的花朵从冬末春初开始开放。

## 醉鱼草

醉鱼草源自中国。它芬芳的花朵能引来蝴蝶。

## 臭椿

臭椿原产于中国，生长速度非常快。雌树会结出大量的种子，即翅果，这种种子很容易发芽。

## 洋槐

洋槐原产于北美。它结出的果实是长长的棕色荚果。

## 木麻黄

木麻黄也叫作"铁木树"，因为它的木质非常坚硬。它的叶子四季常青，结出的果实很像球果，但它并不属于裸子植物。

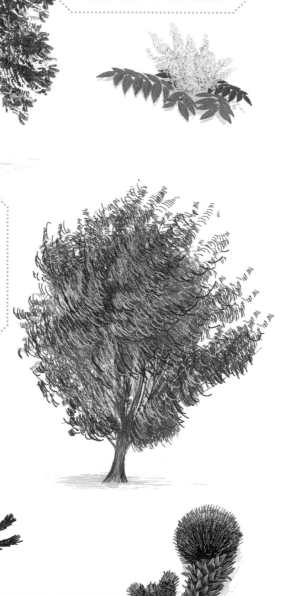

## 可可树

可可树生长于热带地区，人们种植这种树是为了获得它的种子，然后做成巧克力。它的果实直接长在树干上，里面包含有种子。

## 智利南洋杉

智利南洋杉这种球果植物也被称为"猴子杉"，它的叶子尖锐强韧，呈鳞片状长在枝丫周围。它的球果上覆盖着金黄色的刺。

# >>>>> 可以嚼的果实 <<<<<

你能在书中找到结出这些果实的树吗?

## 1. 野草莓

这种果实的表皮布满了小刺,需要一年才能成熟。

## 2. 黑桑葚

要想品尝这种水果,一定要等它完全成熟时采摘,并需要立即食用。

## 3. 可可果

这种热带果实里包含的种子可以制成巧克力。

## 4. 榛子

这类果实很受啮齿动物的欢迎,比如松鼠,它们会储存一些榛子来过冬。

## 5. 欧洲甜樱桃

由于品种不同,它有红色的、黑色的,甚至黄色的。

## 6. 核桃

这种果实蕴含丰富的能量,在有点饿的时候,吃它可以迅速填饱肚子。

## 7. 栗子

栗子外壳长满了刺,当它成熟时,外壳会自然裂开,可食用的种子会从里面掉出来。

## 8. 梨

梨的品种繁多,有2000多种,但只有气候温和的地方才能收获到这种水果。

## 9. 菠萝蜜

这种个头庞大的热带水果只长在老树枝或树干上。

## 10. 苹果

苹果籽儿中含有某种毒素,但因为剂量极少,所以对人体无害!

# 索引


**B**
白蜡树 40, 42, 52
白欧石楠 47
百里香 42
百岁兰 51
柏树 6, 42
北美鹅掌楸 56
北美枫香 57
北美香柏 55
扁桃树 35
菠萝蜜树 50

**C**
草莓树 47, 54
侧柏 30
茶树 42
臭椿 59
垂柳 10, 56

**D**
地中海松 47
丁香 30
冬青栎 46, 55
椴树 28, 42

**G**
广玉兰 50

**H**
海岸松 4, 39, 55
核桃树 42, 53
黑桑树 52
红树 58
猴面包树 51
花旗松 55
桦树 4
黄花柳 53
黄杨 10, 53
火棘 46

**J**
吉贝 58
接骨木 27
金合欢 20, 44
荆豆 2
巨杉 50

**K**
可可树 59

**L**
蓝桉 54
黎巴嫩雪松 10, 56
栎树 7, 26
栗树 53
柳树 29, 42, 53
落羽杉 58

**M**
毛泡桐 57
蒙彼利埃槭 46, 52
迷迭香 42
木麻黄 59

**N**
南欧紫荆 57
南梓木 57

**O**
欧石楠 2
欧亚槭 53
欧洲刺柏 6
欧洲赤松 6
欧洲冬青 20, 23, 26, 29, 30
欧洲红豆杉 54
欧洲落叶松 39, 52
欧洲七叶树 7, 11, 27, 28
欧洲山毛榉 56
欧洲甜樱桃 9, 28, 60
欧洲卫矛 43
欧洲云杉 8, 17, 23, 26

**P**
苹果树 30, 35
普罗旺斯柏树 47
朴树 53

**Q**
桤木 17, 27
千金榆 11, 32, 33

**R**
绒毛栎 52
瑞士山松 27

**S**
山毛榉 6, 17, 22, 27
鼠尾草 42
栓皮枫 6
松树 6, 40, 42

**T**
塔斯马尼亚洛马山龙眼 51

**W**
无花果树 34

**X**
夏栎 3, 23
小叶椴 22
杏树 35
悬铃木 4, 7, 11, 39

**Y**
洋槐 59
意大利石松 46, 55
银荆 58
银冷杉 39
银毛椴 10
银杏 29, 51
印度榕树 51
英国榆 27
瓔珞柏 54
樱桃树 21, 35, 43
油橄榄 7, 34, 54
疣皮桦 23
榆树 40

**Z**
榛树 22, 28
智利南洋杉 59
紫薇 56
醉鱼草 58


## 问题答案

### 树是什么
P.5 趣味问答：1.b；2.c；3.a；4.b
P.7 栎树、刺槐、橄榄树和白蜡树的叶子。
P.10—11 我的观察记录
1. 银毛椴
2. 欧洲七叶树
3. 悬铃木
4. 千金榆
5. 垂柳
6. 香蕉树
7. 黎巴嫩雪松
8. 黄杨

### 树是怎样长大的
P.19 趣味问答：1.c；2.c；3a；4a
P.22—23 我的观察记录
1. 榛树
2. 夏栎
3. 山毛榉
4. 小叶椴
5. 欧洲赤松
6. 欧洲云杉
7. 疣皮桦
8. 欧洲冬青

### 一棵树是怎样诞生的
P.34—35 我的观察记录
1. 梨树
2. 苹果树
3. 榅桲
4. 樱桃树
5. 杏树
6. 扁桃树
7. 油橄榄
8. 无花果树

### 树有什么神奇的力量
P.41 趣味问答：1.a；2.c；3.b；4.b
P.46—47 我的观察记录
1. 冬青栎
2. 地中海松
3. 白欧石楠
4. 草莓树
5. 蒙彼利埃槭
6. 意大利石松
7. 火棘
8. 普罗旺斯柏树

### 可以嚼的果实
1. 草莓树
2. 黑桑树
3. 可可树
4. 榛树
5. 欧洲甜樱桃
6. 核桃树
7. 栗树
8. 梨树
9. 菠萝蜜树
10. 苹果树

油橄榄

红树

欧洲冬青

刺槐

垂柳

北美香柏

巨杉